U0237813

赏花拾趣 Ⅱ

Enjoy Flowers Ⅱ

Qing Yang 周 嫦 杨弘远 编著

科 学 出 版 社

北 京

内 容 简 介

本书为《赏花拾趣》的姊妹篇，是一本植物科普类图册。它以新颖的视角、平易简洁的文字，描绘了植物的千变万化，向人们展现了一个绚丽多彩的植物世界。本书进一步通过对植物的独特性、趣味性描述，带领人们在植物大千世界游历。同时，还对植物学基本知识进行阐释，字里行间渗透着植物生命之美。书中300多幅精美图片，使读者在美的震撼中感受生命的魅力与本质。

本书及《赏花拾趣》是广大花卉爱好者的良师益友。

图书在版编目（CIP）数据

赏花拾趣. 2 / Qing Yang，周嫦，杨弘远编著. —北京：科学出版社，2014.6

ISBN 978-7-03-040731-3

Ⅰ. ①赏… Ⅱ. ①Q… ②周… ③杨… Ⅲ. ①花卉—观赏园艺 Ⅳ. ①S68

中国版本图书馆CIP数据核字（2014）第109572号

责任编辑：罗 静 王 好 / 责任校对：郑金红

责任印制：钱玉芬 / 书籍设计：北京美光设计制版有限公司

科学出版社 出版

北京东黄城根北街16号

邮政编码：100717

http://www.sciencep.com

北京盛通印刷股份有限公司 印刷

科学出版社发行 各地新华书店经销

*

2014年6月第 一 版 开本：787×1092 1/12

2014年6月第一次印刷 印张：20 1/2

字数：400 000

定价：260.00元

（如有印装质量问题，我社负责调换）

Forword 序

恩师杨弘远先生去世后，珞珈山上的樱花已开了三次，又落了三次。

先生喜欢花，作为著名的植物生殖生物学家为之工作了一辈子。先生研究花不仅是作为自己的专业方向，更是伴随一生的兴趣爱好。先生晚年寄情于花卉摄影，经常偕同夫人周嫦教授流连于花丛之中，陶醉于自然之美。不经意间，采撷了一幅幅动人的画面。杨先生去世后，周先生以抱病之身，凭借超人的毅力将一部分摄影作品编辑成《赏花拾趣》一书，由科学出版社出版，以寄托哀思。本欲将其他作品再另行结集出版，不料，书未成，周先生竟寻杨先生而去。遗稿半编，令人唏嘘。两位先生去世后，遵从先生的嘱托，一切后事从简，不做告别、纪念等活动，无墓无碑，隐身于林木花草。因而，完成先生遗作的编撰出版就是我们几位学生能想到的，且不违二位先生嘱托的一种纪念方式。两位先生的女儿杨青（Qing Yang），自幼耳濡目染，颇得家学，喜花草，善摄影。《赏花拾趣》的出版也是在她的协助之下完成的。自然，主持两位先生遗稿的续编就非她莫属。于是，在多方努力下，就有了这本《赏花拾趣 II》。

一如《赏花拾趣》的编辑风格，此书编排简洁明快，内容清新而充满学术气息。每种花卉都注有拉丁学名，供有识者查验与辨别。每章开篇，有寥寥数语，画龙点睛，导引读者欣赏奇妙之处。增加情趣之外，兼有科普之功。细心的读者从文字与图片中不难发现作者作为植物学家观察和欣赏花色、花形、花态的独特视角，亦容易体会到将植物研究作为一生事业的那种执着、专注，与所研究的对象水乳交融的境界，体会到那种因兴趣而研究，因研究而快乐的情怀。而这，正是本书的一个明显特色与可贵之处。

翻阅此书，睹物思人，不免感慨万千。审视自己，已年过半百。对先生当年退居二线的决定有了更深刻的理解。倘能早日结束当下“包工头”式的科研生活，师法先生，远离功利，回复学者本色，亲近自己钟爱的植物与花卉，岂非一种洒脱。这是我，本书的第一个读者，从中获得的一点启示与教益。是以为序。

孙蒙祥

2014 年 4 月于珞珈山

目录 CONTENTS

目录 CONTENTS

Chapter 1 千姿百态的花形

Different Flower Types

我们都熟知花瓣，一朵花中所有的花瓣在植物学上统称“花冠”。植物学家从不同角度将“花”归为不同类型，作为鉴别某些分类群的明显特征。如今我们借鉴他们的归类，从多个角度来欣赏花朵的千姿百态，也帮助我们识别植物。

一、有趣的花瓣

❶ 花瓣的两部分

众所周知，一般花瓣是一个整体，但少数植物的花瓣却分化为两部分。

“檐部”　花瓣上部明显扩大的部分。

“瓣爪”　花瓣基部十分狭窄的部分。

如紫薇、凤凰木、石竹、油菜的花，这些花瓣颇具特色。

千屈菜科

紫薇

Lagerstroemia indica

花瓣 6 枚，檐部多皱襞，好似轮盘；边缘有不规则缺刻，基部有长的瓣爪。雄蕊众多，花朵奇特美丽。

金凤花

Caesalpinia pulcherrima

花形奇特美妙，宛如一支优雅的金凤凰。花有橙色或黄色，有明显爪。

苏木科

须苞石竹

Dianthus barbatus

花瓣亦具檐部与长爪两部分。檐部平展，有彩色环纹，先端有锯齿；长爪为绿色花萼包围，不易察觉。

石竹科

❷ 花瓣的“距”

有些植物的花瓣会延伸出或长或短的管状突起，称为距。它往往是某些物种的特征，其实，距的内部常储存蜜汁，吸引昆虫去吸食，从而达到为花朵传粉的作用。这也值得我们称奇与欣赏，如耧斗菜、翠雀花、虾脊兰、凤仙花、紫花地丁、白花地丁等。

双距花

Diascia barberae

原产南非的多年生草本，花序总状，在花瓣后方有延伸的两个距，故名双距花。花色有橘色、粉色与白色。

玄参科

红距耧斗菜

Aquilegia skinneri

花瓣与萼片色彩变化多样，花瓣 5 枚，向后伸长成距，花形奇特有趣。

毛茛科

二、多姿的花冠类型

花朵中花瓣的形态、排列方式与离合情况组成千姿百态的花形，植物学家又从不同角度归纳为多种花冠类型。

❶ 十字形花冠

由 4 个分离的花瓣排成两两相对的十字形，为十字花科植物的典型花冠类型，如二月蓝、菘蓝、油菜、萝卜等的花冠。

十字花科

萝卜花

Raphanus sativus

别名“黄昏之花”，因为只有傍晚它才会散发出淡淡的芬芳。花冠四出，淡紫色或白色。茎根有红、白、紫、绿等色，肥而多肉，是人们喜爱的蔬菜。

❷ 蔷薇形花冠

花瓣分离，形状大小相似，5 出数，排成辐射状，如蔷薇科的桃、梨、梅、樱等都属此类。

蔷薇科

桃花

Armeniaca mume

典型的蔷薇形花冠，花姿清雅。

蔷薇科

红叶李

Prunus cerasifera

别名紫叶李，落叶小乔木。

③ 蝶形花冠

由 5 个形状不同的分离花瓣排成蝶形。最大的一瓣称旗瓣，在最外面；其内方两边各有一瓣，形状较小，称翼瓣；翼瓣下方为 2 片称龙骨瓣。此种花冠为蝶形花科植物的特征，如大豆、蚕豆等的花冠。

链荚豆

Alysicarpus vaginalis

红色蝶形花，旗瓣与翼瓣清晰可见，龙骨瓣被翼瓣遮掩。

❹ 兰形花冠

由 3 枚花瓣组成，常见于兰科植物。《赏花拾趣》中“姹紫嫣红的热带兰花”一章，详细介绍了各色各样的兰花及结构，这里不再重复，只以上本没有囊括的两种兰花为例。

兰科

树兰

Epidendrum secundum

热带附生兰花，亭亭玉立，轻盈婀娜。

兰科

白拉索卡特兰 / 交配种

Brassocattleya 'Okamodosa'

素洁高雅。

荷包牡丹

Dicentra spectabilis

总状花序顶生下垂，好似一串粉红色的小荷包，轻盈婀娜，美妙秀雅。

罂粟科

⑤ 坛状花冠

花冠筒膨大呈卵形或球形，上部收缩成短颈，花冠裂片向四周辐射状伸展，如荷包牡丹。

⑥ 唇形花冠

花冠下部合生成管状，上部向一侧张开，如二唇状，上唇常 2 裂，下唇常 3 裂。常见于唇形科植物，如活血丹、薄荷、黄芩、丹参、连钱草、益母草等。

金苞花

Pachystachys lutea

花序着生茎顶，由整齐重叠的金黄色苞片组成，呈四棱形。白色小花从中伸出，花冠白色，筒状，顶端 2 裂呈上下二唇状，外形酷似嘴唇。

爵床科

一串红

Salvia splendens

花萼钟形，绯红色，唇形花冠亦呈红色，冠筒伸出花萼之外。它的特点是即使花冠脱落，花萼宿存，仍有观赏作用。

唇形科

山姜

Alpinia japonica

唇瓣白色而具红色脉纹，边缘具不整齐缺刻，极为艳丽。

姜科

❼ 假面状花冠
也形成上下二唇，可谓唇形花冠的一种形式。但上下二唇在一处合拢，下唇的一部分向前方突出，好似假面具，如金鱼草。

金鱼草

Antirrhinum majus

花冠筒状唇形，基部膨大成囊状，上唇 2 裂，下唇 3 裂，开展外曲。

玄参科

⑧ 高脚碟形花冠

花冠下部合生成狭长的圆筒状，上部忽然成水平扩大如碟状。常见于报春花科、木犀科植物，如报春花、迎春花、水仙、龙船花等。

茜草科

红花龙船花

Ixora coccinea

红色花冠筒长，有 4 裂片，开花时，4 个花瓣裂片平展成十字形，原产东南亚。

⑨ 漏斗状花冠

花冠下部合生成筒状，向上渐渐扩大成漏斗状。常见于旋花科植物，如牵牛、打碗花等。

旋花科

王妃藤

Ipomoea horsfalliae

常绿蔓性藤本，叶掌状深裂。花冠喇叭状，先端5裂，鲜红色。

⑩ 钟状花冠

花冠合生成宽而稍短的筒状，上部裂片扩大成钟状。常见于桔梗科、龙胆科植物，如沙参、龙胆南瓜、桔梗等。

五翅莓

Agapetes serpens

生长在西藏南部海拔 1200 ～ 2400 米的林中树上或岩石上。花冠钟状，艳丽的花姿楚楚动人。

杜鹃花科

⓫ 辐状花冠或轮状花冠

花冠下部合生形成一短筒，裂片由基部向四周扩展，状如轮辐。常见于茄科植物，如西红柿、马铃薯、辣椒、茄、枸杞等。

茄科

番茄

Lycopersicon esculentum

人们非常熟悉并富含营养的蔬菜。黄色辐状花冠。

⓬ 管状花冠

花冠大部分合成管状或圆筒状，花冠裂片向上伸展。菊科植物（如向日葵、菊花等）头状花序中部的花。此种花冠为菊科植物特有，请参见第 2 章“浅尝赏菊”。

⓭ 舌状花冠

花冠基部合生成一短筒，上部向一侧展开如扁平舌状。见于菊科植物，如蒲公英、苦荬菜的头状花序的全部小花，以及向日葵、菊花等头状花序上的边缘的花。请参见第 2 章“浅尝赏菊”。

三、花瓣的离合

❶ 离瓣花

花朵中的各个花瓣彼此完全分离的花，如花冠类型 1 ～ 4 类。

❷ 合瓣花

花朵中的各个花瓣之间不同程度联合在一起的花。联合的部分称为花冠管，上端分离的部分称为裂片，如花冠类型 5 ～ 13 类。这里不重复举例。

四、花形的对称形式

❶ 辐射对称花

一朵花花瓣大小、形状相同，自花的中央向外呈辐射式排列的花，也就是说，花自任何方向看都是对称的，称为“辐射对称花”，多数花是辐射对称花，包括蔷薇形花冠、漏斗状花冠，如大火草、桃金娘、野牡丹等植物的花。

欧洲银莲花

Anemone coronaria

多年生草本，花朵硕大，色彩艳丽丰富，有红、橙、黄、蓝、紫、白各色，另有重瓣和半重瓣，据说世界上有200多个园艺品种，美不胜收。

毛茛科

罂粟

Papaver somniferum

美艳，却又是毒品的植物。

罂粟科

❷ 两侧对称花
一朵花的花瓣大小、形状明显不同，组成特定形态的花，花形只有左右两侧对称，包括蝶形花冠、唇形花冠，如半边莲、醉蝶花等植物的花。

白花菜科

醉蝶花
Cleome hassleriana

总状花序形成一个“花球”，花形优美别致，似蝴蝶飞舞，花色娇艳。

❸ 完全不对称花

一朵花的花瓣大小、形状不同，组成特定形态的花，而且花形完全不对称，如美人蕉、三色堇，这种类型的花卉相当稀少。

美人蕉

Canna indica

发育雄蕊一枚，仅一边具发育的药室，另半部花瓣状；退化雄蕊数枚，一枚向外反卷成唇瓣，其余的均为花瓣状；真正的花瓣 3 枚。

美人蕉科

Chapter

浅尝赏菊

Flowers of the Daisy Family

赏菊？我们谁不曾赏菊？还需要“浅尝赏菊”吗？是的，我们虽然都曾赏菊，不过那只是菊科植物中很小的一部分。该科实际上是一个庞大的科，约有1000余属，25,000~30,000种。观赏菊花与野生菊花都很多，其中许多“菊”我们并不认识。能浅尝赏菊也不容易呢。

头状花序是菊科植物的主要特征，不同种类的头状花序各异，令菊的姿态、色泽，千变万化，美不胜收！因此我们试着从它们的花与花序的角度赏菊吧。

一、管状花与舌状花

菊科植物真正意义的小花有两类：管状花与舌状花。管状花为合瓣花，花冠连合成管状（或称筒状）。舌状花显然是具有舌状花冠的花。实际上也是合瓣花，不过，花冠仅下部连合成筒状，上部的一侧大大延伸成扁平舌状。

百日菊

Zinnia elegans

花序边缘桃红的是舌状花，中央是绽放的管状花，花冠边缘 5 裂，金黄色。

菊科

红色舌状花的百日菊

二、由舌状花与管状花共同组成的头状花序

❶ “花心”与“花瓣”
常说的“菊花”，实际上是由许多小花组成的头状花序；管状花聚集在中部，一如“花心”；舌状花围绕在周边，好似“花瓣”，整个花序犹如一朵“花”。它们的“分工合作”，发挥了“群体效应”，大大增加了花的眩目与美丽！这就是菊科多数种类常见的花序。

三色向日葵

Helianthus annuus

舌状花和管状花的花色各异，花序呈现出三种色彩，成为另一种观赏类型。来自俄罗斯。

菊科

菊科

波斯菊

Cosmos bipinnatus

舌状花单轮，8 枚，红、粉红、白色。波斯菊一经播种，翌年便可大量自播，不断繁茂生长。笔者在吉林省内一两千千米的公路两侧都曾看到波斯菊，连绵不断，留下深刻印象。

菊科
金盏花
Calendula officinalis
根出丛生叶，舌状花与管状花均橙黄色。

菊科

大花天人菊

Gaillardia × grandiflora

舌状花为橙红色，但先端黄色，基部褐紫色，使“整朵”花花色更加迷人。

绯红大丽花

Dahlia coccinea

色彩瑰丽多彩，恰如其名。

菊科

绯红大丽花的橙花品种

黑心菊

Rudbeckia hirta

色彩亮丽，开花期长，而且耐寒，耐旱。

菊科

非洲菊

Gerbera jamesonii

舌状花一或多轮呈重瓣状。管状花与舌状花都色彩斑斓，相得益彰。

菊科

海角菊

Arctotheca calendula

出自南非的一种野菊花。

菊科

菊科

荷叶马菊

Marshallia graminifolia

舌状花粉白色，管状花淡紫色，与众不同。

❷ 舌状花的变化

舌状花色彩丰富，形态繁多，是菊科植物花序千姿百态的“主力军”。

菊科

雏菊

Bellis perennis

植株矮小。根出丛生叶。管状花黄色。舌状花一至多轮，有平瓣与管瓣不同类型，红、粉红、白色等多种花色。此处展示的是粉红色的管瓣。

琉璃菊蓝星品种

Stokesia laevis 'Blue Star'

舌状花花瓣顶端分裂，白色柱头分叉；头状花序因之素雅别致。

菊科

琉璃菊银月品种

Stokesia laevis 'Silver Moon'

舌状花花瓣顶端分为数裂，很明显，异常美妙。

菊科

菊花

Chrysanthemum morifolium

经长期人工选择培育出的名贵观赏花卉。舌状花变化多端，有匙瓣类、管瓣类、畸瓣类，平瓣类。各类又细分不同型，所以菊花形态千变万化，这是众所周知的，无需赘言。

菊科

三、全由舌状花组成的头状花序

这种情况比较少见。

菊科

孔雀草

Tagetes patula

舌状花卷曲，多橙、黄色，基部有紫斑，有时管状花转为舌状花成重瓣型。

四、全由管状花组成的头状花序

这种情况更少见。

菊科

翼蓟

Cirsium vulgare

紫色或玫瑰色小花全部为管状花，整个花序呈球形。

菊科

大叶菜蓟

Cynara cardunculus

原分布于地中海沿岸，大型头状花序顶生，花全部为管状花，花冠蓝紫色。叶柄鲜嫩味美，为上好蔬菜。

五、若干头状花序组成更复杂花

许多菊科植物的头状花序单生，但另有不少菊科植物由或多或少的头状花序再排列成更复杂的花序，令众多花序进一步发挥“群体效应”！

菊科

西洋蓍草

Achillea millifolium

众多头状花序在茎顶呈伞房状，十分壮观！

紫色的西洋蓍草更显妖娆

此“兰”非彼“兰”

Not a Real Orchid

“兰”意味着高雅、美丽、芳香，是对花卉的高度赞誉。不少花卉都喜欢以“兰”命名。但是，名“兰”者并非都是兰科植物，这是赏兰时需要注意区分的。

以兰命名的植物相当多，分布在许多不同的科里。它们大多数属于单子叶植物；也有少数是双子叶植物。一般是草本；个别还是木本植物。

其实，辨别这些名兰者究竟是否为兰花也并非难事，一般赏花者都可以根据兰花独特的植物学特性来做判断。

一、双子叶植物

兰科植物属单子叶植物。凡双子叶植物，便非兰科植物，如“二月兰(十字花科)”、“紫罗兰”(十字花科)、“玉兰”(木兰科)、“蟹爪兰”(仙人掌科)等。

单子叶植物与双子叶植物有许多不同特征。最简单直观的便是。

1. 双子叶植物具网状叶脉；单子叶植物具平行叶脉。
2. 双子叶植物的花瓣基数通常为 4 或 5；单子叶植物的花瓣基数通常为 3。

十字花科

二月兰

Orychophragmus violaceus

因农历二月前后开花，故名。

紫玉兰

Magnolia liliflora

花朵硕大，别有风韵。此图为紫玉兰花蕾。

木兰科

开着粉红色花的蟹爪兰。

二、单子叶植物

单子叶植物的诸多名兰者，如《赏花拾趣》中提到的“嘉兰”（百合科）、“柳兰”（柳叶菜科）、“哈里曼丝兰”（龙舌兰科）、“硬叶丝兰”（龙舌兰科）、“酒瓶兰”（龙舌兰科）等都并非兰科植物，我们可以从花的结构来判断它们是否为兰花。

兰花的花具下列特殊结构。

1. 具有左右两侧对称的花瓣。
2. 具有与其他花瓣不同的特殊的唇瓣。
3. 具有特殊的合蕊柱（雌蕊和雄蕊互相愈合所成的柱状构造）。

蜘蛛兰

Hymenocallis littoralis

多年生草本。花纯白色，花恣清逸。

石蒜科

单子叶植物名兰却并非兰科植物者，花的结构与兰花大相径庭。

1. 辐射对称的整齐花。
2. 花瓣形态相同，并无特殊的唇瓣。
3. 具有明显分离的雄蕊和雌蕊。

下列单子叶植物的名兰者并非兰科植物。

红花文殊兰

Crinum amabil

美丽妩媚，且花香浓，芬芳迷人。原产苏门答腊。

石蒜科

君子兰

Clivia miniata

花色迷人，花朵娇媚。原产南非，亦是吉林省长春市的市花。

石蒜科

旅人蕉科

鹤望兰

Strelitzia reginae

花形奇特，色彩夺目，花序宛如仙鹤昂首远望。

鸢尾科

雄黄兰

Crocosmia crocosmiflora

由多枚花组成疏散的穗状花序；每朵花基部有2枚膜质的苞片；花两侧对称，橙红色，花被管略弯曲，花被裂片6，2轮排列，雄蕊3，偏向花的一侧，花柱顶端3裂，柱头略膨大。

石蒜科

葱兰

Zephyranthes candida

花白色，花被片6枚，二轮。花药金黄色。柱头近盘状，3浅裂。素雅清新。

风雨兰

Zephyranthes carinata

石蒜科

清秀雅致。

凤梨科

铁兰

Tillandsia cyanea

叶狭长、张开外弯，构成疏松的莲座丛。玫瑰红色苞片 2 列，对称互叠成扁平花序。

Chapter

锦葵科里奇葩多

Amazing Flowers of the Mallows Family

锦葵科是非常重要的经济作物，以富含纤维而著称，如棉属的种子纤维是棉绒的主要来源；锦葵、蜀葵等可供食用或者药用；大叶木槿、黄槿等是极优良的纤维植物。

锦葵科的花色鲜艳，花中所有雄蕊的花丝连合成筒状，是该科特征之一。木槿、悬铃花、蜀葵、锦葵等是著名的园林观赏植物。

从棉花说起

锦葵科棉属 Gossypium 是重要的经济作物，有陆地棉 、海岛棉、树棉、草棉。辽阔的土地上有成千上万亩棉田，人们关注的是棉纤维的产量。也许很少有人从观赏角度去看棉的花朵。其实，它的花挺美丽：花朵硕大，花瓣 5 枚，呈旋转式排列。整朵花颇有特色。

棉属

陆地棉

Gosipium hirsutum

始花时呈白色，花色随时间逐渐变成淡红色、红色而后枯萎，是一种美丽的变色花。

锦葵科的观赏花卉

我们欣赏棉花，更庆幸的是，与棉花同为锦葵科的不少植物也是非常美丽的观赏花卉，更加惹人喜爱。

大红色扶桑

扶桑
Hibiscus rosa-sinensis

扶桑的品种众多，异彩纷呈，有单瓣花与复瓣，有红、粉红、黄、青、白等色。扶桑为落叶或常绿灌木。叶卵形，有浅裂。花朵结构与棉相似，但更硕大。单瓣花花瓣 5 枚，雄蕊与雌蕊很长，伸出花冠之外，雄蕊众多，花丝连合成筒状，为单位雄蕊。它们围绕着位于中央的雌蕊。雌蕊的花柱伸出在雄蕊筒状之外，柱头 5 裂，圆形。形象别致美丽。

木槿属

白花的扶桑相当少见！

艳丽的黄色单瓣扶桑是美国夏威夷州的州花。

粉红色扶桑

木槿

Hibiscus syriacus

落叶灌木或小乔木。叶3浅裂。花瓣5枚，单瓣或复瓣。花往往淡紫红色，亦有白色者是木槿的变型。

木槿属

红花重瓣木槿

白花单瓣木槿

木槿属

黄槿

Hibiscus tiliaceus

常绿大灌木至小乔木，主干不明显。叶子大，心形，有长柄。花冠钟形，花黄色，中央暗紫色；花萼5裂，黄色花瓣5枚，基部有暗紫色斑，螺旋层叠；雄蕊多数，单体，雄蕊筒包围花柱；花柱5枚。

高红槿

Hibiscus elatus

常绿乔木。叶子革质被柔毛，阔卵状近圆形。花单生于叶腋或顶生，花大，钟状，直径约10厘米，花开5瓣，深红色或橙红色。为牙买加国树。

木槿属

苘麻属

灯笼花

Abutilon pictum

常绿灌木。叶掌状深裂。花颇具特色，花梗长而下垂，花瓣 5 枚，花橘黄色，有红或紫红色脉纹，花半展开状，好似风铃，又似灯笼；花药众多，红褐色，集生于柱端；子房钝头，花柱分枝 10，紫红色，柱头头状，突出于雄蕊柱顶端。是一种颇具特色的花卉。

蔓性风铃花

Abutilon megapotamicum

常绿软木质藤蔓状灌木。单叶心形。花具细长花梗，下垂；萼片形似灯笼状，红色，半覆花瓣，前端 5 裂；花瓣 5 枚，黄色，不开展；雄蕊柱长，略微伸出花瓣外，雄蕊多数，花药深棕色。整朵花形如风铃。

苘麻属

欧锦葵

Malva sylvestris

一年或多年生草本。叶片掌状浅裂。花瓣 5 枚，先端微凹，有爪。花瓣浅紫红色带深色脉纹，花药紫红色，雌蕊花柱分枝 9 ～ 11，很好看。

锦葵属

罂粟葵属

罂粟葵

Callirhoe involucrata

多年生匍匐草本，叶片深裂。花冠酒杯状，多有不整齐锯齿，花瓣紫红，非常鲜艳！

蜀葵属

蜀葵红深红心

Althaea rosea

常一年或多年生草本。叶近圆心形，掌状浅裂。花大，从植株中部至顶端，每腋生花，花色多样，花瓣边缘波状有皱折或齿状浅裂，单瓣或复瓣。

孔雀木属

悬铃花属

悬铃花

Malvaviscus arboreus

常绿小灌木。花冠较大，多下垂，形似风铃；花瓣五片，鲜红色，仅上部略微展，呈含苞状；雌雄蕊均伸出花瓣之外。

多花孔雀葵

Pavonia × gledhillii

巴西两个野生种 *P. makoyama* 与 *P. multiflora* 的园艺杂种。伞房花序顶生，狭长的花，苞片红色，花萼紫色，花冠暗紫色，花色艳丽。英文名 (Brazilian Candles)，意为“巴西的蜡烛”。

5 五彩缤纷的凤梨科植物

Spectacular Flowers of the Pineapple Family

凤梨原产于美洲热带地区，株形优美，叶片和花穗色泽鲜艳夺目，五彩缤纷的凤梨科(Bromeliaceae) 植物成为当今最流行的室内观赏花卉。

凤梨科

菠萝

Ananas comosus

众所周知的凤梨科植物菠萝。

凤梨科

铁兰

Tillandsia cyanea

花序上两朵紫色的花尽情绽放，难得一见。

凤梨科

白雪公主凤梨

Guzmania 'Elcope'

花茎生于叶丛中心，长满苞叶；苞片较长，带状，端尖，硬挺；开花期间，苞片变为亮红色，顶端白色。花小，黄色，生于苞片间隙。

松果凤梨

Guzmania conifera

别名火炬凤梨，整个花序好似熊熊燃烧的火炬。

凤梨科

凤梨科

红星果子蔓

Noregelia carolinae

在植株顶端形成由多片红色苞片组成的花序，黄色小花生于苞片之内。

红星果子蔓花序，自上方拍摄。

黄星果子蔓

Guzmania lingulata

凤梨科

凤梨科

莺歌凤梨

Vriesea carinaia

苞片扁平，基部红色，而苞端呈嫩黄色，艳丽的苞片似莺哥鸟的冠毛状而得名。

松球凤梨

Acanthostachys strobilacea

花序形似松果，鲜艳夺目。

凤梨科

彩叶凤梨

Neoregelia carolinae

又名贞凤梨，开花前，内轮叶下半部或全叶变红色，能持续数月之久，开蓝紫色小花。

凤梨科

凤梨科

高山龙舌凤梨

Puya alpestris

原产南美洲智利安第斯山脉，花青绿色，极为罕见。

高山龙舌凤梨初看起来像假花一样，不过看到在它上面跳来跳去的彩虹吸蜜鹦鹉就知道它可是“货真价实”的鲜花。

Chapter

独特的水生植物

Unique Aquatic Plants

水生植物是指那些能够长期在水中正常生活的植物。它们有一套适应水生环境的本领。因此它们与陆生植物有许多不同的特征。

根据水生植物的生活方式与形态的不同，一般将其分为挺水植物、浮叶植物、漂浮植物、沉水植物四大类。有的资料还提出水缘植物、喜湿植物另外两类，但它们不是真正典型的水生植物。

一、挺水植物

它们的根系固着在水底土壤中，而将茎叶的一部分或大部分和花伸出水面。根系所需的氧气借由茎叶内的输导组织，从水面吸收供应。这类植物往往高大挺拔，花色艳丽。

常见的有荷花、千屈菜、菖蒲、再力花、梭鱼草、黄菖蒲、水葱、花叶芦竹、香蒲、泽泻、旱伞草、芦苇等。

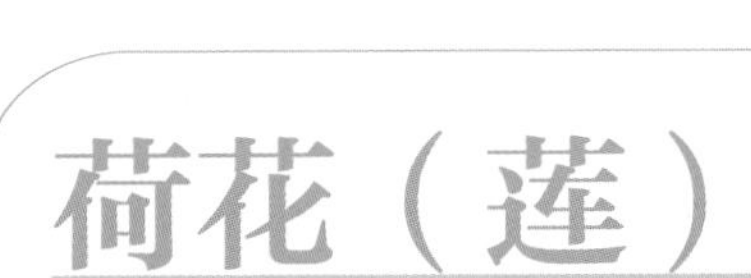

Nelumbo nucifera

中国十大名花之一，多年生水生草本，是人们熟知又很有特色的植物。地下茎肥大多节，横生于水底泥中，称之为莲藕；叶盾圆形，叶脉从叶片中央辐状展出，有叉状分枝；花单生于花梗顶端、高托水面之上，美丽且有芳香。

睡莲科

荷花

Nelumbo nucifera

荷花花形美艳，花瓣多数；雄蕊多数，雌蕊埋藏于倒圆锥状海绵质花托内。花径最大可达 30 厘米，最小仅 6 厘米左右。花色有红、粉、白、淡绿、黄等色。关于荷花的名篇和名句历朝历代都有，“出污泥而不染”更是尽人皆知。

千屈菜科

千屈菜

Lythrum salicaria

多年生湿生草本，小花密集成穗状花序，花紫红色，花形美观优雅。

梭鱼草

Pontederia cordata

穗状花序，小花密集成筒状。

雨久花科

白花水龙

Ludwigia adscendens

又名水龙。花有长柄；花瓣 5 枚，白色，基部黄晕，花形美观大方。

柳叶菜科

雨久花科

鸭舌草

Monochoria vaginalis

叶片形状和大小变化较大，由心形、宽卵形、长卵形至披针形；总状花序，花蓝色，素雅清秀。

雨久花科

白花梭鱼草

Pontederia cordata var. *alba*

穗状花序顶生，小花白色、密集。成片的白花梭鱼草尤为动人。

细叶皇冠

Echinodorus angustifolius

原产巴西，是一种小型的沼泽植物，花姿素雅。

大慈姑

Sagittaria montevidensis

多年沼生或水生草本。叶沉水、浮水、挺水。花葶直立，挺出水面，花瓣美丽、清秀。

泽泻科

燕子花

Iris laevigata

是水生花卉中的佼佼者，花色艳丽，花姿秀美。

鸢尾科

二、浮叶植物

浮叶植物的根系固着在泥土里，没有明显的地上茎，或者茎细弱不能直立，通常体内贮藏大量的气体，使叶片、花，乃至整个植株漂浮于水面；叶片多为扁平，上表层有气孔，根部所需要的氧气便由这些气孔吸收供应；花通常大而艳丽；一般只能生长在浅水区。

常见的有王莲、睡莲、萍蓬草、水鳖、芡实、荇菜等。

睡莲科

睡莲

Nymphaea sp

叶近圆形，有“V”形缺口，浮于水面。有的种类花稍伸出水面，每日上午开花，下午闭合。花凋谢后逐渐卷缩沉入水中，果实在水中发育成熟。成片的睡莲壮丽美观。

埃及蓝睡莲

Nymphaea caerulea

睡莲花色品种繁多，有白、粉、黄、红、蓝、紫等色及其中间色。睡莲花单生于花柄顶端，花瓣多数，雄蕊多数，雌蕊的柱头具6～8个辐射状裂片。

睡莲科

萍逢草

Nuphar pumilum

叶二型：浮水叶近于圆形，基部还有一个“V”形的缺刻；沉水叶薄而柔软。它的花很奇特：萼片5枚，黄色花瓣状，雄蕊多数。花中心是雌蕊，柱头呈红色放射形盘状。

睡莲科

水罂粟

Hydrocleys nymphoides

多年生浮叶草本。叶片呈卵形至近圆形，具长柄，顶端圆钝，基部心形；叶柄圆柱形，长度随水深而异。小花具长柄，罂粟状，花黄色，花心有紫褐色斑块，非常靓丽。

花蔺科

龙胆科

荇菜

Nymphoides peltatum

鲜黄色花朵挺出水面，它的花期很长，成片的黄花在岸边红花绿叶（鸢尾）的衬托下，美丽如画。

三、漂浮植物

这类植物种类较少，根不生于泥中，植株漂浮于水面之上，随水流、风浪四处漂泊，繁衍特别迅速。多数以观叶为主，为池水提供装饰和绿荫。

常见的有菱、凤眼莲、浮萍、大藻、水鳖、田字萍、满江红、槐叶萍等。

凤眼莲

Eichhornia crassipes

花浅蓝紫色，喇叭状，花被 6 裂，上方一枚较大，中央有明显的鲜黄色斑点，形如凤眼，楚楚动人。

雨久花科

紫萍

Spirodela polyrhiza

常见的水面浮生植物，多年生细小草本。叶状体倒卵状圆形，背面紫色。

浮萍科

四、沉水植物

根茎生于泥中，整个植株沉入水中，具发达的通气组织，利于在水中氧气极度缺乏的环境中行气体交换。叶多为狭长或丝状，植株的各部分均能吸收水中的养分，且在水下弱光的条件下也能正常生长发育。它们虽然平时在水下生活，但是当开花时，也要将花伸出水面。花小，花期短。

常见的有水车前、海菜花、轮叶黑藻、金鱼藻、马来眼子菜、苦草、菹草等。

小二仙草科

粉绿狐尾藻

Myriophyllum aquaticum

多年生挺水或沉水草本，在水生生物界是颇具知名度的观赏植物。

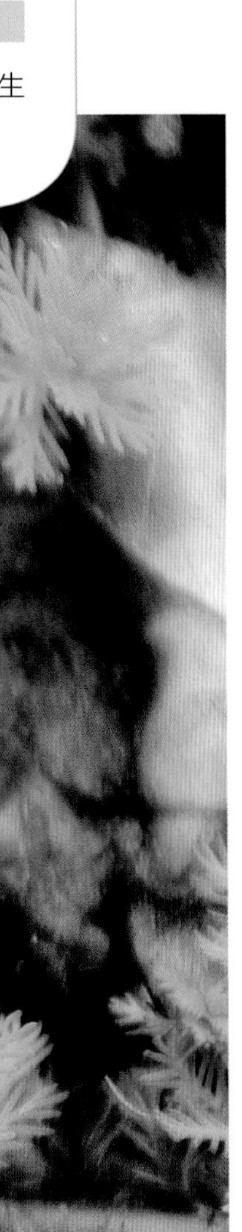

水车前

Ottelia alismoides

叶聚生基部，叶形多变，沉水者狭矩圆形，浮于水面者为阔卵圆形。花呈粉白色，素净优雅，真可谓“出自污泥而不染”。

水鳖科

海菜花

Ottelia acuminata

中国独有的珍稀濒危水生药用植物，它对水质污染很敏感，只要水有些污染，海菜花就会死亡。海菜花花单性，雌雄异株。花瓣均为白色，基部黄色，雄蕊黄色。姿态清逸素雅。

水鳖科

五、水缘植物 / 喜湿植物

一般生长在水塘、小溪边等潮湿的地方，它们不是真正的水生植物，根部不能浸没在水中，喜水耐湿。

常见的有莲子草、三白草、紫芋等草本植物及柳树、水杉、落羽杉、水松等木本植物。

三白草科

三白草

Saururus chinensis

总状片花序 1 ～ 2 枝顶生，花序具 2 ～ 3 片乳白色叶状总苞。三白草一种是重要的中草药，清利湿热、消肿、解毒。

半边莲

Lobelia chinensis

花冠粉红色，裂片5，全部平展于下方，呈一个平面，2个侧裂片披针形，较长，中间3枚裂片椭圆状披针形，较短。花形奇妙独特。

桔梗科

粉美人蕉

Canna glauca

总状花序顶生，花大而密集，与美人蕉类似，极为美艳。

美人蕉科

红稍水竹芋

Thalia genicalata

因艳丽鲜红的叶稍而得名，原产中非及美洲 。

白鹭草

Rhynchospora alla 'Star'

头状花序顶生，苞片细长披针状，基部上端白色，整个花序好似白鹭栖息于枝头，洁白素雅，又称白鹭莞。

莎草科

池杉

Taxodium distichum var. *imbricatum*

落叶乔木，主干挺直，基部膨大，树冠尖塔形，挺拔优美。此图拍摄于美国北卡罗来纳州东部的一个小湖。

杉科

水生植物的特点

水环境与陆地环境大相径庭，这种独特的生活环境使水生植物具有与陆地植物不同的特质。

1. 因水中光度微弱，水生植物的叶片通常较薄，如海菜花。
2. 水里含氧量不足，所以水生植物都具有发达的通气系统，如莲藕叶片的气孔可吸取空气中的氧。巨大的空腔结构既可供应生命活动需要的氧气，又能调节植物的浮力，如凤眼莲的气囊。
3. 充盈的水分使水生植物都具有排水器，既能把多余的水排出体外，又能源源不断地得到水体的无机营养物。
4. 水的流动性造就了水生植物利用水传种的特殊方式，如浮力很大的莲蓬能随水漂流他方，将莲子传播到远方。
5. 水生植物的营养繁殖占主要地位，被折断的浮萍、金鱼藻等都可以长成新株，莲和芦苇也能从根状茎产生出新株。

Chapter

光彩夺目

仙人掌科植物的花

Dazzling Cactus Flowers

多年来我们参观过许多国内、国外的植物园、花卉市场与基地，见到很多仙人掌科植物，欣赏到它们奇形怪状、粗壮的植株。

仙人掌的花真可谓五彩缤纷、色彩斑斓！但因花期不长，只是偶尔有幸才能一饱眼福。

仙人掌科植物粗壮的茎与娇艳的花相映成趣

白小町

Parodia scopa 'Candidus'

花呈柠檬黄色。

仙人掌科

仙人掌科

海王星

Mamillaria uberiformis

植株小圆球形，初始单生，老株易丛生，肉质柔软，体色青绿色，黄褐色针状刺。黄色漏斗状花。

仙人掌科

翠冠玉

Lophophora diffusa

满身的刺是仙人掌科植物的重要特征。但也有少数类型并没有刺，翠冠玉就是其中之一，它的球体饱满圆润，很有特色。

仙人掌科

仔吹翠冠玉

Lophophora diffusa 'Caespitosa'

刺座生有浓密棉毛。花色为淡粉或粉白色。

仙人掌科

赤城

Ferocactus macrodiscus

刺强大而质硬，放射状生长，花桃红色。

天赐玉 *Gymnocalycium pflanzii* 和天王球 *G. denudatum*'Argentiniensis' 的杂交种，花朵娇媚无比。

亦是天赐玉 *Gymnocalycium pflanzii* 和天王球 *G. denudatum* 'Argentiniensis' 的杂交种。

牡丹玉

Gymnocalycium mihanovichii

牡丹玉的杂种后代，花色迷人，花朵妩媚嫣润。

红花高砂

Mammillaria bocasana 'Roseiflora'

花粉红色，有点朦胧的感觉。

锦绣玉

Parodia sanguiniflora

花顶生，红色，色彩鲜艳迷人。

仙人掌科

雪晃 / 白雪光

Parodia haselbergii

橘红色或绯红色的花从白刺中深出，十分美丽耐观。

仙人掌科

绯花玉

Gymnocalycium baldianum

花朵娇媚无比，恰如其名。

仙人掌科

金煌柱

Cleistocactus acanthurus

花着生于茎近顶部，一枝独秀。

仙人掌科

假昙花

Hatiora gaertneri

花粉红色，雄蕊的花丝红色，花药黄橙色，众多雄蕊簇拥着雌蕊，放射状的白色柱头伸出雄蕊之外。

仙人掌科

仙人掌科

少刺虾

Echinocereus triglochidiatus

生长在美国南部，花朵杯状形，浅绿的柱头在鲜红的花瓣称托下显得格外耀眼。

仙人掌科

美女丸

Echinopsis huascha 'Rubriflorus'

湘南丸的深红花品种，花色鲜红，耀眼醒目。

海黄

荷花型。珍贵处在于花瓣纯黄色，在牡丹中很罕见。被园艺界称作金牡丹、牡丹极品。晚花美国品种。

芍药科

芍药科

八千代春

荷花型。花粉色，花瓣厚实，晚花日本品种。此图为微距摄影，观赏其雌雄蕊。

富贵满堂

菊花型或千层台阁型。花粉红微带蓝色，成花率高。来自洛阳，中花品种。

芍药科

芍药科

木兰换装

楼子台阁型或皇冠型。花粉红色，初花时有绿色彩瓣花心，盛花时花心被层层花瓣包围。来自山东菏泽，早花品种。

似荷莲

菊花型。花紫色，株型高大，适应性强，成花率高。来自山东菏泽，早花品种。

芍药科

花王

菊花型。花红色，花朵直上，花梗长、粗、硬。

芍药科

太阳

菊花型。花深红色，花瓣硕大，中花日本品种。

百花丛笑

菊花型。花紫色，来自山东菏泽，中花品种。株型高大，适应性强，成花率高。

芍药科

芍药科

玉面桃花

蔷薇型。花银红色，中花品种。图示花心里美丽的雌蕊与雄蕊。

芍药科

乌龟锦

蔷薇型。花墨红色，中花日本珍贵品种。

紫斑牡丹株型高大，一年生长量大，节间长，总叶柄长，具有9种花色，10种花型。

最醒目的特点是花瓣基部有墨紫色或紫红色大斑，花瓣厚、花香浓郁。它耐寒、耐旱、耐碱，病虫害少，但不耐晒。以下为其中两种。

紫斑牡丹

紫斑牡丹

绚丽多彩的郁金香
Vibrant Tulips

作为荷兰的国花，郁金香 *Tulipa gesneriana*（百合科）是著名的球根观赏花卉，它花大而美丽，色彩也极为鲜艳，使之从原产地地中海走向世界。

郁金香花单生茎顶，杯状，但有多种花型如杯形、碗形、卵形、球形、钟形、漏斗形、百合花形等，有单瓣也有重瓣。花色有白、粉红、洋红、紫、褐、黄、橙等，深浅不一，单色或复色，具条纹和斑点。

凯旋类

卡罗拉 Carola

卡奈沃德里奥 Carnaval de Rio

积累 Jackpot

情人 Mistress

百合类

皇家构想 Royal Design

阿拉丁 Aladdin

晚花类

索贝特 Sorbet

饰边类

蓝英雄 Blue Hero

达尔文杂交类

牛津精华　Oxfords Elite

以下展示郁金香花型花色的多姿多彩

Chapter

美国北卡罗来纳州教堂山的玫瑰园

Rose Garden of Chapel Hill, North Carolina, USA

2001 年爸爸(杨弘远)和妈妈(周嫦)赴美探亲，北卡罗来纳州教堂山玫瑰园给他们留下美好的印象。其实它只是一个很小的玫瑰园，但是整个园区布置整齐美观，植株生长茁壮、枝繁叶茂、繁花似锦、品种众多。其间道路正好让轮椅通行，使残疾的妈妈可以就近自由赏花；我们一家人曾在此欢聚。

2012 年 5 月 Qing Yang 特意再访该园，拍摄了诸多花朵。这一章不仅展现了一朵朵美丽的鲜花，更蕴含着我们家人的亲情！

攀援型
Climber

Eden Rose

America

大花型
Grandiflora

Pink Parfait

Gold Metal

Oranges 'n' Lemons

Love

杂交茶香型

Hybrid Tea

Peace

Tiffany

Double Delight

Olympiad

Love

Mister Lincoln

迷你型
Miniature

Cupcake

Rise 'n' Shine

Rainbow's End

灌木型

Shrub

注1 Rose Garden译为玫瑰园，园内实际上不仅包括玫瑰，还有月季和蔷薇，而且以月季为主，因此花开不断，四季如春。
注2 类型与品种的英文名称均引自该园标牌。
注3 玫瑰、月季和蔷薇均为蔷薇科。

Chapter

11

北美洲的奇花异草

Flowers of North America

北美洲是个美丽动人的地方，那儿有耸立的高山、炎热的沙漠、广阔的草原、茂密的森林和寒冷的极地。

Qing Yang 在美国生活多年，这里的部分照片来自北卡罗来纳州的几个植物园，另一半拍摄于美国及加拿大的野山野岭。

苋科

狭叶千日红

Gomphrena haageana

别名火球花、百日红，原产美国南部及墨西哥。头状花序着生于顶端，花小但不失美丽，颜色绚丽。

粉红雪轮

Silene caroliniana

与火红雪轮相似，花色粉红。

石竹科

火红雪轮

Silene virginica

英文名 Fire-Pink。生长在美洲东部的一种颜色鲜红的野花，花虽不大，却热情奔放。

石竹科

菊科

大丽菊

Dahlia pinnata

墨西哥的国花。

花菱草

Eschscholzia californica

英文 California Poppies，是美国加州的州花。花姿优雅，极为美丽可人。

珊瑚塔

Aphelandra sinclairiana

原产巴拿马，又叫“巴拿马皇后（Panama Queen）”，花形美妙动人，无愧“皇后”的雅称。

爵床科

豆科

鲁冰花 / 多叶羽扇豆

Lupiuns polyphyllus

原产北美西部，多年生草本，掌状复叶，总状花序顶生，高度 40 ～ 60 厘米，尖塔形，花多而稠密，花色丰富艳丽，常见的有红、粉、黄、蓝、紫等。

美国紫藤

Wisteria frutescens

美国东南地区的落叶木质藤木植特，花繁茂，蓝紫色。和亚洲紫藤（*Wisteria sinensis*）不同，美国紫藤并无芳香。

豆科

唇形科

秋日鼠尾草

Salvia greggii

美国南部的一种鼠尾草属野花，花色艳红，极为优雅，英文名 Autumn Sage，不过它“名不副实”，在夏日和秋季都开花。

小叶鼠尾草

Salvia microphylla

这种北美的野花有个十分可爱的别名："红唇"(Hot Lips)，让人看了过目不忘。

唇形科

火焰草

Castilleja linarjaefolia

美丽的火焰草是美国西部常见的野花，也是美国怀俄明州州的州花。火焰草有各种颜色，大红最为普遍，桃红色的火焰草并不多见。英文名为 Indian Paintbrush（印第安画笔），又好听，又好记。

玄参科

龙胆科

巴氏花

Sabatia bartramiana

粉红色的花瓣，千娇百媚。

柳叶菜科

倒挂金钟

Fuchsia 'Shadow Dancer Yolanda'

花色艳丽，花形奇特，花期较长，常作盆花观赏，亲本原产美洲。

蜡梅科

美国夏蜡梅

Calycanthus 'Aphrodite'

原产美国东南部地区，落叶灌木。和一般蜡梅不同，夏蜡梅夏日里开花，花暗红色。

赤根驱虫草

Spigelia marilandica

北美的一种草药，花形迷人。

马钱科

密毛杓兰

Cypripedium parviflorum var. pubescens

生长在加拿大落基山脉，花朵金黄色，优雅美丽，楚楚动人。

兰科

早花韭莲

Zephyranthes atamasco

产于美国东南部的鳞茎状植物，主茎上长有单生白色或粉色的花朵，清秀洁雅。

石蒜科

百合科

大花猪牙花

Erythroium grandiforum

生长在加拿大落基山脉高山草甸，花瓣柠檬黄色，雄蕊花丝部分白色，花药黄色至红色。英文名 Yellow Glacier Lily（黄色冰川百合）。

蓝花耧斗菜

Aquilegia caerulea

原产美国落基山脉。耧斗菜的英文Columbine，意思是“像鸽子一样纯洁”，是科罗拉多州的州花。它花形独特，别有风韵。

毛茛科

翠雀叶乌头

Aconitum delphinifolium

生长在阿拉斯加荒野上一种虽然美丽却有剧毒的野花，众多别名都和它的毒性有关。

毛茛科

蔷薇科

野草莓

Fragaria virginiana

生长在加拿大落基山脉，洁白素雅，悠然自得地在山野中生长。

刺蔷薇

Rosa acicularis

生长在寒冷的北部，因此又称为 Arctic Rose（北极蔷薇）。此图拍摄于阿拉斯加荒山之中。

蔷薇科

山茱萸科

加拿大草茱萸

Cornus canadensis

生长在北部山地比较潮湿的树林边缘。花非常小而密集，直径只有数毫米。看见的 4 个白色“花瓣”，其实只是苞片，合起来便如一朵“完整的花”。

加拿大草茱萸的果实。

北极柳

Salix arctica

生长在高山冻土地带，目前尚未由人工引种栽培，难得一见。此图拍摄于阿拉斯加的荒野苔原。

杨柳科

景天科

虹之玉

Sedum rubrotinctum

原产墨西哥，英文名为 Jellybean Plant。多肉化的叶片与茎呈翠绿色和鲜红色，加上金黄色的花，显得如此娇巧迷人，鲜艳夺目。

Chapter

异域奇花
南美洲花卉拾零
Flowers of South America

南美洲是个美丽动人、热情洋溢的地方，就连那里的花卉也透露着那股热忱－绚丽多彩，争奇斗艳。作者有幸去过几个南美洲的国家，但这里的照片大多拍摄于美国、澳大利亚和新西兰各大植物园的南美洲园区。

蓝花鼠尾草

Salvia farinacea

开深蓝色唇形花，原产巴西，乌拉圭和阿根廷。

唇形科

尖苞鼠尾草

Salvia oxyphora

生长在安第斯山脉的一种鼠尾草，鲜艳夺目。

唇形科

六出花科

六出花

Alstroemeria aurantiac

是园艺杂交种，原产秘鲁，又被称为秘鲁百合，伞形花序，各式花色，具紫色斑点和条纹。

太阳花 / 半支莲

Portulaca grandiflora

原产巴西的肉质草本，习性极强，花色丰富多彩，从白色、黄色到紫红，几乎所有暖色应有尽有，而且有单瓣和重瓣，因此成为人们喜爱的庭园花卉。

马齿苋科

旱金莲

Tropaeolum majus

原产巴西、秘鲁，花大色艳，极具观赏性。

旱金莲科

豆科

极乐云实

Caesalpinia gilliesii

原产阿根廷北部和乌拉圭。有个令人动心的英文名Bird of Paradise，意为“极乐鸟”。

古巴秋海棠
Begonia cubenesis
洁白无瑕，玲珑剔透。
秋海棠科

红花曼陀罗 / 红打破碗花

Datura sanguinea

原产于秘鲁。花萼筒状，先端 5 裂，花冠喇叭形，花大而优美，却有毒。

茄科

Solanum rantonnetii

原产巴拉圭和阿根廷。

茄科

茑萝

Quamoclit pennata

一年生柔弱缠绕草本。聚伞花序，花直立，花冠高脚碟状，冠檐开展，5浅裂，姿态美妙，颜色艳丽。

旋花科

西番莲属杂交种

Passiflora caerulea × Passiflora racemosa

西番莲和总序西番莲的杂交种，副花冠丝状平直，花形奇妙。

西番莲科

天南星科

火鹤花

Anthurium scherzerianum

花序肉穗状，螺旋卷曲，黄色或红色，佛焰苞卵形，鲜红色。

鹦鹉蝎尾蕉

Heliconia psittacorum 'Rubra'

原产巴西东部至西印度群岛。是著名的热带观赏植物，非常适合切花。

芭蕉科

火鸟蝎尾蕉

Heliconia stricta

原产南美洲。有个绘影绘色的英文名Lobster Claw，意为“龙虾的爪子”。

芭蕉科

珊瑚花

Justicia carnea

原产南美洲北部。花密集形成短圆锥花序，粉红色，美丽而大方。

爵床科

黄马利筋

Asclepias cirassavoca 'Faviflora'

聚伞花序顶生及腋生，花瓣及副花冠均为黄色。

萝藦科

黄蝉

Allamanda schottii

原产巴西。花色鲜黄，明艳可爱，适合栽培观赏，不过植株乳汁有毒！

夹竹桃科

紫葳科

猫爪藤

Mac *fadyena unguis-cati*

原产热带美洲的常绿攀缘藤本，能爬满树冠，最终可能导致其攀爬的大树死亡。花鲜黄色，明艳醒目。

紫葳科

蓝花楹

Jacaranda mimosifolia

“在绝望中，静静等待离开的爱情”，蓝花楹的花语听起来如此忧伤，但现实中点缀在城市之间的蓝花楹却极为清秀、迷人。原产南美洲。

《赏花拾趣》第十一章“姹紫嫣红热带兰花”已经介绍了许多种类的兰花，这里仅补充几个来自南美洲的珍稀观赏品种。

拟蝶唇兰

Psychopsis papilio

原产西印度群岛和南美洲热带地区，形似一只美丽动人的蝴蝶。

兰科

黑钻石文心兰

Oncidium ‘Black Diamond’

为杂交品种名，产自哥伦比亚。

镰形尾萼兰

Masdevallia falcata

花形相当奇特，呈美丽的三角锥形，色彩鲜艳夺目。

兰科

三尖兰

Masdevallia 'Monarch'

为尾萼兰属园艺杂交品种，绚丽多彩。

兰科

Chapter

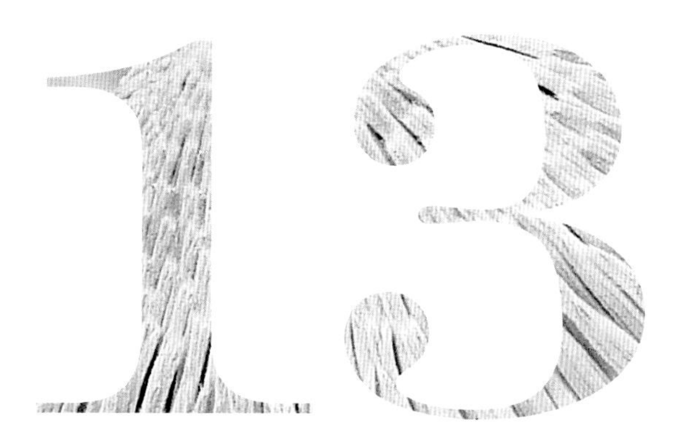

非洲奇葩异卉

Flowers of Africa

非洲是个神秘的地方，就连那里的花卉都非常与众不同，许多花卉据有鲜艳的亮丽颜色，奇异的花形，旺盛的长势，更有着毅力、不怕艰难等特质。作者并没有幸踏上非洲的土地，这里的照片拍摄于澳大利亚、新西兰和美国各大植物园的非洲园区。

花岚山

Delosperma cooperi

原产南非，是一种可爱的多肉植物，与一般常见不耐寒的露子花属花卉不同，花岚山虽然喜阳光充足和通风良好的环境，却耐寒、耐干旱，因而英文名，意为“Ice Plant”冰草。

番杏科

折扇草

Wachendorfia thyrsiflora

原产南非，花色亮丽。

血腥草科

红蝶洋葵

Pelargonium 'Vancouver Centennial'

园艺品种，其亲本产南非，花形如美丽的蝴蝶。

牻牛儿苗科

木犀科

灌丛素馨

Jasminum fruticans

素雅朴实，原产非洲北部。

鸢尾科

双色非洲鸢尾

Dietes bicolor

原产南非，花呈鸢尾状，花瓣淡黄或黄色，基部有巧克力色斑纹，有个美丽的英文别名 Peacock Flower，意为“孔雀花”。

橙红沃森花

Watsonia pillansii

原产南非。有粉红、桃红、橙红等花色，清秀雅致。

鸢尾科

夕阳银树

Leucadendron 'Safari Sunset'

园艺杂交种，其亲本产南非，花形奇特美妙。

山龙眼科

山龙眼科

杏黄银树

Leucospermum cordifolium 'Aurora'

非洲特有的植物。庞大而鲜艳的头状花序令人过目难忘。

深齿银树

Leucospermum patersonii

头状花序巨大，花色艳丽，花形如球，别具一格。

山龙眼科

垂花银宝树

Leucospermum reflexum

原产南非的常绿灌木，头状花序使之魅力四射。

山龙眼科

山龙眼科

帝王花

Protea cynaroides

巨大美艳的帝王花是南非的国花。

萝藦科

大花桉叶藤

Cryptostegia grandiflora

俗称橡胶藤、桉叶藤，落叶藤本植物，原产马达加斯加西南部。花开繁茂，满树桃红色，极为美丽。

刺叶非洲铁

Encephalartos ferox

现存种子植物中最古老的树种之一。橙红色的圆柱体仿佛一个成熟的果实，其实它是非洲铁的雄花。“千年铁树开了花”是形容苏铁很难开花，在北方的确如此，但在气候适宜的热带，非洲铁年年均能开花！

红花龙吐珠

Clerodendrum speciosum

由两个原产热带非洲的种，及亮叶龙吐珠 *C. splendens* 与龙吐珠 *C. thomsonae* 杂交而成。聚伞花序腋生或顶生，花冠、花萼红色，雌雄蕊细长且突出花冠外，奇特的花形及美艳的色彩使其极具观赏价值。

马鞭草科

凤凰木

Delonix regia

因鲜红色的花朵配合鲜绿色的羽状复叶，被誉为世上色彩最鲜艳的树木之一。花形惊艳，好似一支美丽的蝴蝶，栩栩如生。

豆科

凤凰木盛开之时，满树通红，好像燃烧的火焰，又称之为“火树”。

使君子科

使君子

Quisqualis indica

原产非洲。花瓣初为白色，逐渐转成红色，是非常美艳的变色花。

非洲马铃果

Voacanga africana

又名非洲伏康树，为药用植物。花冠五裂，海星状，花白色中心蛋黄色。

夹竹桃科

红花青锁龙

Crassula coccinea

多肉植物，花为红色，十分艳丽。

景天科

睫毛芦荟

Aloe ciliaris

原产南非。花鲜红色，而顶部常呈橙黄色。

百合科

百合科

凤梨百合

Eucomis comosa

原产南非，凤梨百合属，花形与凤梨科的菠萝非常相似，英文俗名为Pineapple Flower, Pineapple Lily。

百合科

木立芦荟

Aloe arborescens

别名“浓藻花”、“龙爪菊”。原产南非，因有治疗核辐射伤害的功效，二战后在日本大为流行。

多叶芦荟

Aloe polyphylla

又名螺旋芦荟。被称作芦荟女王，是一种花叶皆美的中大型芦荟，只产在非洲东南部面积 3 万平方千米的莱索托王国，是世界上最珍惜的高山芦荟。

百合科

百合科

多叶芦荟

Aloe polyphylla

野生多叶芦荟属于世界一级濒危物种，园艺种子的价格也是所有植物中最昂贵的之一。此图摄于新西兰的惠灵顿植物园。

Chapter

澳大利亚

珀斯的国王花园

Kings Park and Botanic Garden, Perth,Australia

澳大利亚的国王花园 (Kings Park and Botanic Garden) 地处珀斯市区以西，占地 1000 英亩(1 英亩≈ 4046.86 平方米)，是南半球最大的城市花园。公园始建于 1890 年，作为送给英国爱德华国王的礼物，因此命名为国王花园。这里种植培育了 6000 多种花草，其中 3000 种是澳大利亚西部特有的野生植物。

袋鼠爪花是澳大利亚特产的珍贵花卉，亦是西澳大利亚州的州花。顶生总状花序，唇形花冠，酷似被誉为澳大利亚国家标识的袋鼠的爪子；花茎常有分枝，花色有橙黄、黄色、红色、绿色等，以下为 4 种不同色泽的袋鼠爪花。

血腥草科

大红袋鼠爪

Anigozanthos 'Big Red'

三倍体园艺杂交种。

帝王袋鼠爪

Anigozanthos 'Regal Claw'

为伯氏袋鼠爪 *A. preissii* 与袋鼠爪 *A. flavidus* 的园艺杂交种 。

血腥草科

黑袋鼠爪

Anigozanthos fuliginosa

色泽绿黑，让人多少有点诡异的感觉。

血腥草科

蒙氏袋鼠爪

Anigozanthos manglesii

形态更为迥异的袋鼠爪花。

血腥草科

玫红米花

Pimelea rosea

分布在澳大利亚西南地区，美艳而芳香。

瑞香科

多蕊岩马齿

Calandrinia polyandra

桃红色的花瓣加上金黄色的花蕊十分美丽。

马齿苋科

水露兜树

Pandanus aquaticus

雌雄异株，雌株的花序椭圆形，近似于菠萝。

露兜树科

花柱草科

聚叶花柱草

Stylidium adnatum var. *abbreviatum*

花小，粉白色，许多小花组成长的疏穗状花序。

苋科

大狐尾苋

Ptilotus exaltatus

圆锥形花序，花大，深霓桃红色，边缘的银色绒毛使之格外迷人。

多枝草海桐

Scaevola ramosissima

花色雅致，花形奇特，呈扇形，有淡紫、淡蓝色。

草海桐科

大花薄荷木

Prostanthera magnifica

紫红色的花萼围绕在淡紫色的唇形花瓣，十分醒目。

唇形科

白花菜科

刺山柑

Capparis spinosa

原产地中海地区，花朵洁白如玉。

桃金娘科

玉梅

Chamelaucium uncinatum

多年生常绿灌木，花型似梅花，因花瓣蜡质并有光泽，常用于插花。

库洛羽花木

Verticordia cooloomia

绿色的叶子，白色的茎秆，鹅黄色的花朵。

桃金娘科

桃金娘科

大果桉

Eucalyptus macrocarpa

原产澳大利亚西南部珍贵花卉，花大而色彩亮丽，直径可达10厘米，美艳异常。

杜鹃花科

红踯躅

Rhododendron viriosum

生长在昆士兰高山地区的一种美丽而有毒的植物。

澳大利亚有许多花如瓶刷的植物，这些“瓶刷”实际是由众多艳丽的雄蕊组成，以下5种均属于桃金娘科。

桃金娘科

桃香木

Melaleuca elliptica

桃金娘科

爱乐木

Eremaea ebracteata

细叶白千层

Melaleuca fulgens subsp. *steedmanii*

桃金娘科

帝王红千层

Callistemon ‘Kings Park Special’

由国王花培育的园艺品种，因此起名‘Kings Park Special’。

桃金娘科

桃金娘科

沙生瓶刷树

Beaufortia squarrosa

原产澳大利亚西部的沙土地带。

山龙眼科银桦属的植物也是澳大利亚奇特的植物。它们大多花大而艳丽，以下介绍 4 种银桦。

山龙眼科

班氏银桦

Grevillea banksii

分布于澳大利亚昆士兰地区，开红花，又称昆士兰银桦或红花银桦。

山龙眼科

绵穗银桦

Grevillea eriostachya

花序金黄色，英文名为 Yellow Flame Grevillea，意为“黄色火焰”。

异叶银桦

Grevillea oligomera

只分布于澳大利亚西南很小的区域。

山龙眼科

山龙眼科

毛蕊银桦

Grevillea lanigera

分布于澳大利亚维多利亚州和新南威尔士州。

佛塔树又名斑克木，是澳大利亚另一奇葩。它们大多树姿优美，叶形奇特，花序更是奇妙非凡，以下为4种佛塔树。

阿氏佛塔树

Banksia ashbyi

山龙眼科

山龙眼科

贝氏佛塔树

Banksia baxteri

山龙眼科

莱氏佛塔树

Banksia lemanniana

山龙眼科

虎克佛塔树

Banksia hookeriana

Chapter

15 澳洲奇花

Wildflowers of Australia and New Zealand

澳洲是个令人神往的地方，位于南半球，那里的花卉与北半球的大相径庭，花形奇特，花色亮丽，生长力强。这里分别介绍澳大利亚和新西兰的野花，所有照片均拍摄于荒郊野外。

澳大利亚野花拾零

澳大利亚辽阔的土地上遍布着各式各样的野花，特别是澳洲西南部，据说一年 5 个月内有 12,000 多种野花点缀着这片荒漠却分外迷人的土地。澳大利亚的野花不仅奇异，而且色泽格外鲜艳、亮丽，好似热情洋溢的澳洲人。这里的照片均拍自于澳洲西南部春季的荒山野岭。

桑寄生科

澳大利亚圣诞树

Nuytsia floribunda

特产于澳大利亚西南部，为桑寄生科唯一的乔木种类，12 月开花，满树金灿灿的黄花十分耀眼。

耀眼豆

Swainsona formosa

是南澳大利亚州的州花，它色泽艳丽，形态奇妙，远远看去好似荒漠上出现了小小的“天外人”。

豆科

枸骨叶火豆

Chorizema ilicifolium

生长在西澳大利亚南部海岸的丛林中，树叶带刺。英文名为 Holly Flame Pea。

豆科

瑞香硬叶豆

Pultenaea daphnoides

花瓣黄中带红，美丽、可爱，还有淡淡的芳香。

豆科

豆科

心叶火豆

Chorizema cordatum

花虽小，却因色泽艳丽而引人注目，英文名为 Heart-Leaf Flame Pea。

豆科

卵叶楔瓣豆

Gompholobium ovatum

叶子为卵形，花有红、粉红、橙、黄、紫等多种颜色。

澳大利亚野姜花

Curcuma australasica

没想到野花也会如此娇艳。

姜科

縫瓣花

Thysanotus tuberosus

仿佛似一朵精致的绢花。

百合科

糙毛蓝药花

Agrostocrinum scabrum

蓝色的花在荒野中十分引人注目。

百合科

菊科

粉舌鳞托菊

Rhodanthe chlorocephala subsp. *rosea*

小巧玲珑，可爱动人。

缨花木叶子排列像风轮，十分有趣。

尖苞木科

缨花木

Leucopogon verticillatus

花虽小，却适合做插花。

灰叶莫邪菊

Carpobrotus glaucescens

多肉植物，生长在海边阳光充足的地方。

番杏科

吉氏香波龙

Boronia keysii

花虽不大，但芳香袭人。

芸香科

锥柱花

Conostylis aculeata

黄色的花蕾会渐渐开出白色的小花。

血腥草科

远志科

香桃木叶远志

Polygala myrtifolia

开着淡紫色花的灌木，全年都可开花，但春季为盛花期，因此俗名为“September Bush”（注：9月是澳大利亚的春季）。

桔梗科

异叶半边莲

Lobelia heterophylla

花形花色娇柔美艳。

桃金娘科

顶生桉

Corymbia terminalis

生长在荒漠上，因树液为红色又被称为“沙漠红木（Desert Bloodwood）”。

新西兰野花拾零

新西兰是个风景极为优美的地方，宜人的气候和清新的环境也特别适宜野花的生长。不过因度假的时间匆忙，拍摄到的照片并不太多，这里和大家分享几张有特色的野花。

桃金娘科

帚枝松梅

Leptospermum scoparium

每朵花虽说不大，但满树的白花在荒山中依然十分引人注目。

新西兰圣诞树

Metrosideros excelsa

12 月开花，是新西兰最具代表性的植物。

桃金娘科

满树的红花像圣诞节的彩灯，格外鲜艳美丽。

菊科

大舌菊

Leptinella pusilla

娇艳小巧，花形似纽扣，英文名为 Purple Brass Buttons。

小叶猬莓

Acaena microphylla

多年生常绿草本，垫状丛生，株高只有 5 厘米。

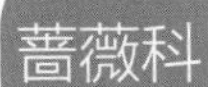

厚叶菊

Pachystegia insignis

厚厚的叶子能储藏水分，因此耐旱，常常生长在陡峭的山上，英文俗名Rock Daisy。

菊科

纤细草海桐

Scaevola gracilis

形态奇异优美。

草海桐科

罂粟科

黄花海罂粟

Glaucium flavum

生长在海边，有毒。

嫁入娘

Cotyledon orbiculata

多肉植物，原产南非，在新西兰栽培并逸为野生。

杨青 (Qing Yang)

1990 年在美国罗彻斯特大学获博士学位，在美国冷泉港实验室完成三年博士后工作，1993 年到美国北卡罗莱纳州立大学癌症研究中心从事分子生物学科研工作。先后发表科研论文十多篇。业余爱好写作和摄影。出版并获奖的代表性短篇小说有：《White Lily of Easter》(2003)、《Dreaming of Danny》(2004) 。获奖的代表性摄影作品有："Window Into the Past"(获 2009 年美国国家公园基金会摄影荣誉奖) 、"Beauty Is In the Eyes…"(获 2009 年 美 国 Scenic Nevada 摄影比赛一等奖)，摄影作品还用于数十篇科普、旅游文章及《奇迹，真是奇迹——科学家讲故事》一书。2011 年与杨弘远、周嫦合作编著出版《赏花拾趣》。

周　嫦

武汉大学生命科学学院教授，博士生导师，植物实验生殖生物学家。研究方向：植物生殖生物学与生殖工程。长期与杨弘远进行科研合作。先后发表学术论文 200 余篇，出版专著《植物有性生殖实验研究四十年》(2001)、《杨弘远、周嫦选集》(2011)。曾获国家自然科学奖二等奖 1 项、三等奖 1 项，中国图书奖 1 项 (均为第二获奖者)。晚年其他作品有：《微笑面对现实》与"科学家讲故事"儿童科普故事系列共 4 册：《冬菊与宝石花》(2004)、《井底之蛙走四方》(2006)、《花仙子传奇》(2009) 和《奇迹！真是奇迹》(2011)。"科学家讲故事"系列中的第 1、第 2 册被国家新闻出版总署列入向全国青少年推荐的 100 种优秀图书目录。2011 年与杨弘远、杨青合作编著出版《赏花拾趣》。

杨弘远

武汉大学生命科学学院教授，植物生殖生物学家，中国科学院院士。毕生从事植物有性生殖教学与研究。长期与周嫦进行科研合作。先后发表科学论文 200 余篇，出版代表性专著有：《植物有性生殖实验研究四十年》(2001)、《被子植物受精生物学》(2002)、《勤思集》(2003)、《水稻生殖生物学》(2005)、《双受精——有花植物的胚和胚乳发育》(译作，2007)、《植物生殖寻幽探密》(2009)、《杨弘远、周嫦选集》(2011)。曾获国家自然科学奖二等奖 1 项、三等奖 1 项，中国图书奖 1 项 (均为第一获奖者)。浙江省树人出版奖特等奖 (唯一获奖者)。2011 年与杨青、周嫦合作编著出版《赏花拾趣》。

致谢 Acknowledgement

没有想到这个致谢会由我来写！

2010 年 11 月爸爸（杨弘远）去世之后，为了纪念他，我和妈妈（周嫦）在武汉大学生命科学学院、中国科学院武汉植物园及许多亲友的热情支持下，编著了《赏花拾趣》一书。这本植物科普类图册采用了 400 多幅我和爸爸十几年来为病残的妈妈拍摄的花卉照片，由植物学家和花卉爱好者的妈妈通过简明易懂的文字注释，对植物学基本知识进行了简明扼要的阐释。

《赏花拾趣》出版之后得到众多亲朋好友及读者的好评，在大家的鼓励和支持下，我和妈妈决定再次编著续集，毕竟十几年来拍摄了无数照片，而且我还在不断拍摄、增添新的花卉。编写《赏花拾趣 II》成了妈妈生活的动力，和我们共同生活的乐趣。可惜妈妈未能等到这本书的出版！没能看到精致美丽的图册！

在成书之际，我并代表爸爸妈妈，衷心感谢给予热忱帮助的许多亲朋好友。诚挚感谢武汉大学生命科学学院的经费资助，衷心感谢孙蒙祥教授自始至终的热情支持、具体帮助及文字把关，真诚感谢于丹教授、赵洁教授、何建庆书记及宋保亮院长的热心支持，没有武汉大学生命科学学院领导和教授的鼎力相助，《赏花拾趣 II》是根本无法完成的；衷心感谢中国科学院植物研究所的李振宇教授和于胜祥博士慨然帮助校准植物中文名称与拉丁学名，并对科普解说的文字进行了把关；真挚感谢武汉大学生命科学学院徐新伟教授及黄双全教授的热心支持；十分感谢该院彭伟老师为本书出版做出的具体联络沟通工作；感谢妹妹杨进博士和女儿 Jessie Xiong 的热情鼓励；感谢科学出版社的编辑们认真负责、一丝不苟地审阅稿件，并作了精心细致的编排与出版工作；还要感谢《赏花拾趣》的许多读者，你们的鼓励和好评是我们编著续集的动力和源泉。所以，《赏花拾趣 II》不仅仅是爱情、亲情的结晶，也是友情的见证。

最后，我以个人的名义，最诚挚地感谢爸爸妈妈！谢谢你们一生的关心、爱护、教育、鼓励、支持和帮助！能做你们的女儿是如此幸运！来世希望还能做你们的孩子，我们一家再在花丛中相会！

Qing Yang

2014 年 5 月